NIAOLEI KEPU GUSHI

鸟类科普故事

NIAOBA NIAOMA ZUIJIN HENMANG

鸟爸鸟妈最近很忙

主编★宁　峰

未来出版社

图书在版编目（CIP）数据

鸟爸鸟妈最近很忙 / 宁峰主编 . -- 西安：未来出
版社 , 2015.6 （2018.7 重印）
（它世界系列丛书）
ISBN 978-7-5417-5676-4

Ⅰ . ①鸟… Ⅱ . ①宁… Ⅲ . ①鸟类—少儿读物 Ⅳ .
① Q959.7-49

中国版本图书馆 CIP 数据核字（2015）第 124113 号

NIAOBA NIAOMA ZUIJIN HEN MANG

它世界系列丛书　**鸟爸鸟妈最近很忙**　　宁峰　主编

出 品 人	李桂珍
总 编 辑	陆三强
选题策划	曾　敏
责任编辑	朱海鹰
设计制作	杨亚强
技术监制	宋宏伟
营销发行	樊　川　何华岐
出版发行	未来出版社（西安市丰庆路 91 号）
印　　刷	陕西金德佳印务有限公司
开　　本	787mm×1092mm　1/16
印　　张	4.5
版　　次	2015 年 8 月第 1 版
印　　次	2018 年 7 月第 3 次印刷
书　　号	ISBN978-7-5417-5676-4
定　　价	18.00 元

序 言
XUYAN

　　地球——作为目前唯一可确知存有生命的星球，是人类和动植物们共同的家园。从进化的历史看，各类动物都比人类出现得早，人类只是动物进化的最高阶段，没有动物就不可能有我们人类。当古代类人猿进化为人类后，人类维持生计所需要的一切，更是直接或间接地与动植物有关。正是种植的谷物，圈养的家禽、家畜，看家护院、协助捕猎的猎犬，给人类带来了温馨与安宁的生活。

　　人类早期朴素的情感和认知，谦逊地承认了动物对自己的价值与意义，并且以形形色色的图腾崇拜予以再现，最早的象形文字很多都来源于动物或植物的形象。不过，随着人类认识与实践能力的日益增强，特别是近代以来，伴随着人类社会工业化进程和现代科技的发展，人类开始习惯于居高临下地审世度物，开始自视为"地球的主宰"。动植物纷纷被人类的标准分成各种类别：有害无害、有用无用、可爱或是凶恶等等。森林不断被砍伐，草原在退化，荒漠化面积增加，池沼逐渐干涸，江河被污染，垃圾肆虐，道路不断延伸与扩大，人类活动无处不在，动植物自身也作为一种资源，被人类不断地索取、破坏，地球正在经历着第六次物种大灭绝！

　　当人类世界变得越来越大，其他世界却开始变得越来越小！周围的人越来越多，但我们却越来越感到孤独！当地球上仅剩下我们人类时，我们生存的环境一定比现在要糟糕许多。该丛书通过超近距离的精彩照片、专业科学的知识解读，让读者了解动植物的世界，享受它们带给我们的快乐，关注它们生存的现状，思考我们怎么保护它们，如何与之和谐相处，并通过坚持不懈的努力实践，与它们共同维护美丽地球的自然生态圈。

宁　峰

2015 年 1 月

目 录
MULU

鸟爸鸟妈最近很忙

5月的北方，鸟儿们都忙着在这个食物富足的季节交配、孵卵，因为在这个时候可以给宝宝们提供足够的食物。而鸟宝宝们好像永远很饿的样子，叽叽喳喳地叫个不停，等待着爸爸妈妈来喂养，等待着喂养后羽翼渐丰，能够自由自在地到大自然里闯荡。这个季节，是鸟爸鸟妈一年中最辛苦的时候！

家燕妈妈正在喂食幼鸟

朴素的爱

世界上，有一种情与生俱来、血脉相连，这就是亲情。"父兮生我，母兮鞠我。拊我畜我，长我育我。"（《诗经·小雅》——《蓼莪》）鸟类的育雏过程是它们生命中最劳累的历程。

北红尾鸲妈妈在喂养幼鸟

　　鸟类的育雏分为双亲都参与抚育后代和单亲抚育后代。刚刚出壳的鸟宝宝们也有早成鸟和晚成鸟之分。早成鸟眼睛已经睁开，全身有稠密的绒羽，腿、足有力，立刻就能跟随亲鸟自行觅食。它们具有印随行为，会一直跟着出生后看到的第一个移动的目标，而通常就是它们的母亲。

凤头䴙（pì）䴘（tī）妈妈带着三只幼鸟，还背着一只幼鸟外出觅食

　　而绝大多数鸟都属于晚成鸟，它们通常从卵壳里出来时，发育还不充分，眼睛还没有睁开，身上的羽毛很少，甚至全身裸露，腿、足无力，没有独立生活的能力，要留在巢内由亲鸟喂养。在育雏期，亲鸟还要通过坐巢行为为幼鸟提供稳定的热环境，而这一行为对于鸟宝宝来说最为关键，因为这是它们最危险、死亡率最高的时期。当然，也有一类鸟介于早成鸟和晚成鸟之间，如鹰类、

鸮（xiāo）类等猛禽和鹭类、鸥类，它们的雏鸟出壳时腿脚软弱无力，不能离巢，但其眼睛大多已睁开，全身密被绒羽，体温调节能力较强，但也需要亲鸟的喂食和保护。

猫头鹰妈妈正在给幼鸟示范飞行动作

舍命护子

在被芦苇包围的湖面，我们经常会撞见一群斑嘴鸭的宝宝们，它们随着妈妈排成一字形在水面游荡，见有危险立即飞奔逃命。有时，鸭妈妈会选择逃往相反的方向，用尽全力抖动翅膀，弄得水花四溅吸引敌人的注意力，从而换取宝宝们的安全。这种情况在游禽中普遍存在。

一只斑嘴鸭妈妈带着一群幼鸟学习游泳

鸠鸽这些陆禽的宝宝几乎都拥有暗灰的羽毛，在危险到来的时候，都是亲鸟通过报警声指挥雏鸟，或者躲进灌木草丛，或者趴着不动。攀禽中的啄木鸟则会在宝宝到来之前为它们建一个新家，宝宝出壳之后亲鸟会选择在周围较近的范围内觅食，它们会时刻警戒确保宝宝无恙。

这种警戒行为在鸣禽中也是普遍存在的。乌鸫的警戒性就非常强，尤其是育雏期时，出入巢时亲鸟会选择一些隐蔽且安全的路径，当发现巢区有危险时，亲鸟会对入侵者发出急促的惊叫声，甚至会以排粪便或者俯冲等方式进行攻击，直到入侵者离开。雄性丝光椋鸟则会在育雏期时带回绿叶或者花骨朵，用于减轻螨虫和细菌对于幼鸟的危害，另一方面也是对雌鸟的一种吸引与安抚。

另类的爱

猫头鹰、鹰这类鸮形目隼（sǔn）形目的猛禽处于食物链上层，在幼鸟离巢后会将它们驱出自己的领地，以确保自己和幼鸟都拥有足够的食物。鸟类中各种千奇百怪的行为，都是为了后代出巢以后能够更好地生活。

在繁育后代中也有一些投机主义者，椋鸟科的紫翅椋鸟、灰椋鸟、丝光椋鸟会在繁殖期把自己的卵产在同种其他鸟的巢里，逃避抚育后代的责任。

此外，还有另一种情况比较普遍，那就是种间的巢寄生。杜鹃会在寄主的巢里产一颗非常相似的卵，为了确保自己的行为不被发现，它们通常会带走并吃掉一颗寄主的卵。之后，首先孵化出来的杜鹃幼鸟会把"义亲"的亲生骨肉都推出巢外，只剩下自己独自享用"义亲"艰辛操劳才能满足它果腹的美食。这就是我们经常可以看到北红尾鸲等一些"义亲"，会喂食体型大过它们几倍的杜鹃"义子"的现象。这种欺骗亲情的行为相比于亲鸟育雏的行为显得极度龌龊不堪，但是还会有一些"道德楷模"的存在，让这些投机主义者惭愧。专家在对银喉长尾山雀和红头长尾山雀的研究中发现，在孵卵、育雏、警戒等繁殖行为中有三只鸟（亚成体或丧偶的独鸟同类与两只亲鸟）参与，这些帮手们在孵卵、育雏中参与孵卵和喂食。

一只寄养在北红尾鸲家的大杜鹃，正在接受"义父"的喂养，尽管它的体型已比"义父"大很多了

鸟类的亲情在哺育中尽显无遗。饥饿时辛勤喂养、危难中舍己相护，翱翔忙碌，用辛勤滋养着幼小的生命。鸟类与人类一样，鸟儿父母对子女的爱也是伟大和无私的，在这些鸟儿们精心呵护它们宝宝的季节里，希望人们不要打扰它们温馨的小家，精心地呵护我们身边这些小精灵。

白头鹎：
不解春愁的"白头翁"

  白头鹎（bēi）年岁越老，头枕部的白色越显著，故有白头翁之说。又因其夫唱妇随，双宿双栖，人们借喻它们为夫妇百年好合、白头偕老的象征。古诗有云："山禽原不解春愁，谁道东风雪满头。迟日满栏花欲睡，双双细语话未休。"诗人猜测，大概是忧愁让白头鹎一夜白头，因为它们担心春天将去，梨花将老。

事实是，无论暖春、酷暑、寒秋、严冬，还是花开花落，白头鹎都是那样的快活。它们用有些聒噪的嗓门呼朋唤友，从一片树林飞往另一片树林，它们把每一个地方都当成了游乐场，好像根本不会让任何不快乐的事愁白头。似乎只是在春夏季节，白头鹎才会短暂和群落分开，原因是为了繁衍后代。即使在这个时候，它们都会站在灌丛的最高处，声气相通地打招呼，它们彼此的伴侣，就在不远处的灌丛中孵卵。当幼鸟能够离开鸟巢以后，三五只相伴的白头鹎，就会制造出更多的喧嚣和快乐。白头鹎是一种繁殖力强的鸟类，在 3 至 8 月间，它们会产卵两次，每次产卵三四枚。所以一到秋天，不管白头鹎的种群遭遇过什么打击，集群的白头鹎都会给人一种鸟丁兴旺的感觉。它们呼啦啦地四处飘飞，好像狂风卷着的枯叶一样毫无规律地飞扬或者落下，飞到近处，看清是它们在嬉戏的时候，你会惊叹于它们的飞行技巧和昂扬的热情。

　　不知在什么时候，白头鹎喜欢上了城市生活，它们在楼群间飞翔，只要有绿树的遮掩，它们就能找到筑巢的地方，它们把路灯、电线杆、广告牌等所有矗立地面的东西都当成了游乐场。它们会从呼啸的车流上面掠过，完全不用考虑交通

管制、红绿灯等等，对于城市的角落，它们比人们还要熟悉，它们知道到哪个社区去吃无花果，去哪个公园吃樱桃，去哪个广场吃柿子，它们大大方方地去享用这些城市里的美味，边吃边嚷嚷："伙伴们一起来吃吧，不然果子都掉完了。"

　　居住的楼下曾经有一株无花果，肥大的叶脉把果实遮掩得严严实实，是白头鹎的欢叫提醒人们果实熟了。当你站在阳台上，看着白头鹎从楼群中飞来，它们呼朋唤友，拖家带口，来享用无花果白嫩的果肉，那种场景很是热闹。在低处的

枝干上，白头鹎的雏鸟歪着脑袋，扑扇着翅膀，向高处正在享用果肉的父母要吃的，大概果肉太过可口了，成鸟几乎不停地啄食，它们竟然把雏鸟都给忘了。雏鸟热烈地、持续地扇动着翅膀，嘴里不停地鸣叫，这时候，成鸟才恍然大悟，落下来给雏鸟喂上一口果肉。雏鸟含着果肉，如同抿着一口甘醇的酒，久久不肯咽下。

　　白头鹎的无花果大餐经常会碰到搅局者，也许是果香，也许是它们的喧闹声，招来了灰喜鹊和乌鸫。这些不速之客到来之后，首先就要把白头鹎轰走，然后张开大嘴，囫囵吞枣地把尽可能多的果肉咽进肚子里去。白头鹎成鸟安置好雏鸟之后，夫妇俩会再次来到无花果树上，开始和灰喜鹊、乌鸫一起分享果肉，这时候，满树洋溢着和平的喜气，大家换着各种姿态，寻觅着每一个熟透的无花果。

只有人的到来才会让这样的盛宴结束，但是鸟儿们一直是胜利者，没有人喜欢享用鸟儿的残羹。大概白头鹎在城市生活多年之后，明白了这个道理，所以城市中的果树，都是它们在掠食。它们是城市生活的适应者，所以白头鹎的种群，才可以在城乡地带越来越壮大起来。

乌鸫：满口学尽群鸟声

乌鸫（dōng）通身黑褐，羽毛油亮闪光，嘴巴和腿呈枇杷黄色，眼睛周围镶着金圈，这身打扮很朴素很普通。在这身普通的外表下，却是一个极不普通的"艺术家"。

西方人心中的高雅乐者

乌鸫在欧亚大陆的名声很显赫，它是人们喜欢的鸣禽，西方人说乌鸫歌声中的乐句像人类的音乐，并且还可以用五线谱记录下来。英国博物学家威切尔在《鸟音进化》一书中用音符记录了76种乌鸫的音调，他认为许多乐句跟人类的音程完全相同。英国另一个博物学家赫德逊说，有些鸣禽比乌鸫的模仿能力高得多，但它们的啭（zhuàn，鸟婉转地鸣叫）鸣声中从来没有近似人类音乐的乐句。乌鸫是按照自己的方式歌唱，只是在音阶方面接近人类罢了。

凡是听乌鸫啭鸣半小时以上的人，会认为它"演奏"的曲子像岩间涌出的泉水那样自然而然，声调犹如笛声，犹如精美、纯粹的女低音。古爱尔兰诗集中有

一首诗歌，描写一对恋人诀别时，他向心爱的人大声说："我听到暮色下乌鸫向忠实的人送来欢乐的问候！／我的话语，我的身形是幽灵的／别出声，女人，别跟我说话！"古爱尔兰的诗歌中关于乌鸫的诗句欢乐中却透露着悲伤，就像天才歌唱家歌尽而亡，也许这就是乌鸫的命数。

中国人眼里的口技专家

在中国，乌鸫则被认为是深藏不露的口技专家，它唱出美妙的歌声，就是为了讨爱人的欢心，歌唱得越动听越复杂，就越能得到雌鸟的青睐。

雄性乌鸫学唱画眉、燕子、黄鹂、柳莺甚至小鸡的叫声，惟妙惟肖，几乎乱真。

中国古人认为乌鸫能"反复百鸟之音"，称其为"百舌"。宋代诗人文同在《百舌鸟》中写道："众禽乘春喉吻生，满林无限啼新晴。南园花木正繁盛，小小大大皆来鸣。藏枝映叶复谁使，不肯停住常嘤嘤。就中百舌最无谓，满口学尽群鸟声。"

春天到来，乌鸫也迎来了恋爱的季节，它们待在一片小树林中，唱起爱情的颂歌。一只雄鸟的歌唱，就让人觉得是几十种鸟儿在树林中不间断地歌唱，那些南飞的候鸟似乎已经回来了，可是细细搜寻，才发现是一只乌鸫在对着另一只乌鸫深情地歌唱。听到乌鸫连续的歌唱，春天就要来了，候鸟就要回来了，所以人们又说乌鸫是"春天的歌手"。

来到郊外，爱鸟者常常受乌鸫的迷惑，以为树林里有许多种鸟，费尽周折寻觅过去，才发现自己错了，只有乌鸫，它自编自导，就像人说单口相声一样，当

它发现自己的"把戏"被揭穿时，迅速飞落到草丛中，埋头急审。"花香鸟语无边乐，水色山光取次回。"静心欣赏乌鸫的歌声，明媚的春光也变得十分的醉人。

它们世界里的顾家能手

　　乌鸫用音乐征服了人类，这不是它的本意，它唱歌其实是为了爱情，这和许多鸣禽一样，也和人类的对歌相似，情歌就这样跨越了时空、类群的界限而流传下来。赢得爱情之后，雄性乌鸫便很少再唱歌了，它成了一个称职的父亲，捍卫家庭领地，和雌鸟一起担当起育雏的任务。在 7 月中旬，你会看见两只乌鸫幼鸟，它们几乎和成鸟一般大了，只是胸部还有斑状花羽，喙还是嫩黄色的，它们追着自己的父亲或者母亲要吃的，成鸟狼狈地转身"逃离"，但没有飞走，也许只是太累了，捉不来更多的食物给孩子吃，也许希望孩子自己在草坪上寻找食物。夏季的草坪上，经常看见那些半大的乌鸫在草丛中埋头找食，它们并不害怕人，只是本能告诉它们要戒备。没有了孩子的拖累，乌鸫成鸟似乎也没有轻松多少，它们从一片树林飞往另一片树林，所有的鸟儿都已经添丁加口，没有轻易到口的食物，它们仍然需要为生活奔波。

一只乌鸫正在喂食两只幼鸟

一个夏日的下午，在公园散步，忽然在草丛中发现了一只乌鸫，它头伸向前，双翅紧贴在身上，两只脚向后直挺挺地伸着，它死了。有可能是劳累而死的，为了爱情唱出了一生中最动听的歌曲，为了抚养子女四处奔波，在完成生命历程中最重要的事情之后，它想休息了。它不再歌唱，所有的乌鸫也不再歌唱，它们都在等着另一个春天的到来，可是这一只乌鸫，它不会再拥有下一个春天了。

珠颈斑鸠:
城市里的忧郁歌手

在西安城的一个角落，有一种鸟声，能勾起许多人的回忆，那就是斑鸠的叫声。西安城中的斑鸠是珠颈斑鸠，它与汉中的山斑鸠、陕北的灰斑鸠、秦岭的火斑鸠羽色不同，但体型相似，那叫声，更是难分伯仲。

鸣叫似诗如歌

当你走在西安城的东边和南边，来到凤栖原上，走进珠颈斑鸠栖身的院落，你或许会听到珠颈斑鸠的振翅声，它从草丛飞起，落在了不远处的玉兰树上，歪着脑袋看着你，随后用低音唱起了歌，那歌声，好像一个忧郁的吉他歌手在浅声低吟。这时候，会在人的心里回荡起一种声音，仿佛那是《天堂鸟》乐曲的曼妙音节，伴随着最为熟悉的鸟音。

笔者的屋子不大，从北窗看出去，可以看到熙来攘往的街市人流，以及西安城的霓虹；从东窗看出去，可以俯瞰院落里的一些绿荫和玉兰树的顶端；从屋外的楼道窗户俯瞰，可以看到在树荫下乘凉的老人和孩子，以及在雪松顶端唱歌的珠颈斑鸠。一个小屋足矣，虽然看不到繁星和明月，但有花香与鸟鸣，便能找到心中的宁静。

春天时节，树丛中那嘹亮、辽远、忧郁的歌声，非斑鸠莫属。它们深情地彼此呼唤，"咕咕……咕咕……"，连续而低沉。这叫声，让聆听的人勾起心中淡淡的感伤。看着一对对情意缠绵的珠颈斑鸠，让人不禁想到了对爱情的礼赞。

《诗经》的开篇这样写道："关关雎鸠，在河之洲；窈窕淑女，君子好逑。"大概古人就是看到斑鸠的甜美爱情而为人的爱情比兴而歌吧。

遭遇人类的荼毒

身居城市的珠颈斑鸠，总能勾起许多人的童年记忆，对于笔者来说，勾起的是对斑鸠的苦涩记忆。儿时下雪的时候，天地皆白，房屋周围的树林也裹上了一件厚实的"白鹅毛外套"，这时候，对于乡下孩子来说，捕鸟的好时光就来了。在空地上扫尽雪，支一个竹筛，筛子下撒些小麦，饥饿的鸟儿明知这是个陷阱，可是它们依旧会来觅食，这些鸟儿中，就有斑鸠。

珠颈斑鸠喜欢栖息在人家屋后的柏树枝梢间，用那墨绿色的柏树叶脉掩藏它深灰色的躯体，它的飞行速度较快，而且飞行轨迹多变，这让它们能够轻易躲避天敌的追袭。当斑鸠听到麻雀在捕鸟陷阱周围吃食发出的欢叫声时，它们会轻盈

一只猫在树后伺机捕食珠颈斑鸠

地飞落到竹筛旁，并机警地四处观望。可是捕鸟的孩子早已伪装妥当，支着竹筛的小棍上系着绳子，绳子的那一头，孩子屏息等待它们来到竹筛底下。看着麻雀欢快地享用小麦，斑鸠放松了警惕，它们渐渐走到竹筛中间，只听"啪"的一声，竹筛罩了下来，斑鸠和麻雀都被捕获了。在过去那个缺衣少食的年代，这意味着孩子一家有了打牙祭的机会。斑鸠也是公认的美味，老家有句谚语说："天上的斑鸠，地上的竹留鼠"，都是指它们是极品的山珍美食。

斑鸠是一种十分聪明的鸟儿，一旦同类中计，别的斑鸠就会远离竹筛陷阱，等度过难熬的雪天，它们就能在山野中找到丰富的食物，不会再光顾农家院落。多年来，我一直无法忘怀的是成年人对斑鸠的大量投毒猎杀，他们猎杀斑鸠不是因为饥饿，而是因为贪婪。在笔者的记忆里，曾经有人在晒麦场里撒下农药浸泡的小麦，一次就毒杀了20多只斑鸠，这些被毒杀暴毙的斑鸠，被人用绳子穿成串，带到集市换成了钞票。

20多年前，笔者离开老家的时候，村庄的早晨一片死寂，没有了鸟儿的欢叫，没有了斑鸠那凄婉悠长的鸣叫，斑鸠和其他鸟儿，似乎已经绝迹了。

都市里的欢愉

在西安城生活多年，无论从建国门移居到和平门，或者从和平门移居到南郊，笔者在西安城保留的一些古槐树、梧桐树、大杨树上，或者人工栽植的雪松上，都能与珠颈斑鸠不期而遇，虽然不是十几只在一起觅食的大群珠颈斑鸠，却能常常见到它们三两只在一起觅食。它们很警惕人类，见到人后迅速飞离，并且施展高超的飞行技艺，在楼宇之间翻飞拐弯，如同"跑酷"的摩登少年。

前年春天，笔者和家人在兴庆宫玩耍，忽然发现了一只叼着小树枝的斑鸠掠过眼前，便细心留意它落下的地方，发现它竟然在一株高大的槐树枝干间筑巢。它的巢十分寒碜，用树枝交叉垒起来，树枝间的缝隙也很大，可谓是四处漏风的简易窝巢。来到树下，甚至看到了掉落在草丛中的卵，大概这就是斑鸠的卵吧。幼鸟孵出后，亲鸟嗉囊能将食物消化成食糜并分泌一些特殊成分形成"鸽乳"，用于喂养幼鸟。不管它们的巢多么简陋，可是它们锲而不舍，在城市人的视线之外，它们悄然繁衍着后代。等到笔者抽空再次来到那棵斑鸠筑巢的大槐树下时，发现斑鸠的巢已经不见了踪迹，周围倒是有斑鸠的啼鸣。也许，这些斑鸠已经完成了繁衍后代的使命，因为它们的重唱中，有了更加丰富的音调，这意味着有了新生命的噪音加入其中。

如今在乡村，斑鸠的命运也有所改善，因为速生的肉鸽可以大规模养殖食用，人们没必要去猎杀斑鸠了。国外旅鸽灭绝的命运，在中国斑鸠的身上没有重演。

从生物进化的角度来说，斑鸠是与人伴生的优势物种，从《诗经》记载它们开始，不管是人们礼赞它，嘲讽它，还是杀戮它，斑鸠都像火烧的野草一般，在城乡的角落里"春风吹又生"。

朱鹮的复兴之路

2013 年 7 月，铜川耀州区柳林林场的 32 只朱鹮被放飞野外，这些国家一级保护动物从汉中搬迁而来，这是目前国内最大规模的朱鹮放飞。

至此，其野外种群数量突破 1000 只。而在 32 年前，这个原本生活在东亚的物种仅剩下中国的 7 只，几乎要灭绝。

经过 32 年的保护，朱鹮已经发展到 2000 余只，中国建立了 7 处人工饲养繁殖基地和 1 处野化放飞基地。截至 2012 年年底，全球有 1100 余只人工繁育的朱鹮，其中中国 700 只，400 余只在日本和韩国。

中国成功拯救朱鹮，成为世界濒危物种保护的典范，朱鹮这一物种走上了复兴之路。

它们的家庭观念很强

　　人类社会中，一般是女士穿着打扮华丽漂亮，而男士相对比较普通。在野生动物世界里，却是雄性多美丽英武，雌性则显得平凡无奇。这些反差在朱鹮家族中都不适合，从外观看，它们绝对是"男女平等"，很难通过肉眼区分出朱鹮的雌雄——它们有一样的白色羽毛，一样的红脸黑喙，喙尖红色，红足红腿，飞翔时翅膀和尾羽下面也都露出美丽的橘红色。

　　只有到了繁殖期，变化才逐渐显现出来。原本洁白的羽毛，在繁殖期呈现出青灰色，灰色重、脸部红色尤为鲜艳的多为雄性。雄性求爱也很有特色，一旦它选中了对象，便不时地抖动翅膀，引吭高歌，声音特别悠长。有的雄性会叼起一片树叶、一段树枝，"含情脉脉"地送给约会对象。情投意合交尾配对后，双方便会选择合适地点"再筑爱巢"，产卵哺育后代。

　　朱鹮每次产 1～5 枚卵，夫妻俩很小心，轮流进行孵化，宝宝出生后，也轮流哺育。这一点和有些鸟类不一样，别的鸟类很多由雌鸟孵化哺育，雄鸟觅食。

　　在"婚姻"制度上，朱鹮原本是模范夫妻，恪守严格的"一夫一妻"制，很少移情别恋。1990 年，在洋县朱鹮巢区，有一只朱鹮被狩猎者误伤，它的配偶就一直过着单身生活。人工饲养的朱鹮，同一笼中往往同时饲养着好几只朱鹮，到了繁殖期，雌性和雄性一旦订下"金兰之约"，就会合力攻击有企图的第三者。

陕西省珍稀野生动物抢救中心的朱鹮在人工繁殖过程中采取人为配对，一旦配对成功，它们就在自己的"爱巢"里相亲相爱，即使一个笼子有三个巢穴三对朱鹮，也很少看到有谁"出轨"。

朱鹮宝宝长到40多天时体型就和父母一般大小，只是毛色灰白，这个时候是它离巢学飞的阶段，一直辛勤喂养它的父母会一反常态，不再给宝宝喂食，而是围着巢穴不停飞翔、鸣叫。看到父母的态度坚决，饥饿的宝宝只得慢慢移步

已经独立觅食的朱鹮

到巢穴边缘向下坠去，它在半空中开始惯性滑翔掉在地上。父母仍然不愿提供援助，为了吃到食物，宝宝开始尝试振翅飞翔，经过多次试练就掌握了飞翔技术，在父母的带领下一起觅食去了。

朱鹮从洋县复兴

历史上关于朱鹮的记载很多，中国诗人赞咏"朱鹭戏频藻，徘徊流涧曲""因风弄玉水，映日上金堤""独舞依磐石，群飞动轻浪"……这些说明朱鹮家族曾经人丁兴旺。朱鹮在高大的树木上筑巢育子，在池塘、稻田里捕食鱼、虾、青蛙、田螺等，可以说人类是其伴生动物。随着人类工业文明的发展，自然生态环境的恶化，20世纪80年代以前，这些广泛分布在东亚的美丽"仙子"竟然

难觅踪影。

从 20 世纪 50 年代开始，曾广泛分布于中国、朝鲜半岛、日本和俄罗斯东部的朱鹮数量开始急剧减少。1963 年，苏联境内最后 1 只朱鹮在哈桑湖灭绝；1979 年，朝鲜境内的朱鹮在板门店销声匿迹；1980 年，日本将境内最后 5 只野生朱鹮捕捉，实施人工饲养和繁育，最终未成功，最后一只朱鹮"阿金"于 2003 年死亡。当时，全世界都把最后希望寄托在了中国。

1981 年 5 月 23 日，中科院动物研究所研究员刘荫增受委托，组成科考队来到陕西洋县姚家沟，发现了世界上仅存的 7 只朱鹮，这个消息引起了全球的震惊及关注，同时也拉开了朱鹮保护事业的序幕。

蛇、老鹰等都是朱鹮的天敌，特别是在其育雏期，最容易遭受袭击。人们当

时在洋县仅发现了两对成年朱鹮。每年3～6月
朱鹮的繁殖期，陕西省野生动物保护部门工作人员都
会在每棵巢树下搭建观察棚，进行24小时监护，在树干上涂抹黄油、
安防刀片架，以防天敌的威胁。为了防止幼鸟掉巢摔伤，每个巢下还悬挂了安
全网，还在野外进行人工投食，每一个野生朱鹮繁殖巢都有专人管理。

　　洋县政府在1981年8月颁布通告，禁止人在朱鹮活动区开矿、狩猎、砍伐林木。
1983年，在保护区以引导方式鼓励农民加强朱鹮夜宿地环境保护，并扩大和保
留一定面积的天然湿地和冬水田，不在朱鹮觅食的稻田使用农药、化肥，这些措
施确保了朱鹮的存活率。

　　这些措施有力地改善了朱鹮的生存环境，种群数量从1993年后明显增加，

分布范围逐渐扩大。从 2004 年开始，野生朱鹮每年成功繁育出幼鸟突破 100 只大关，2011 年以来这个数字增长一倍。

　　朱鹮的成功保护，成为中国野生动物保护史的里程碑，洋县因此名扬世界，当地的经济也与朱鹮一同起飞。

　　除了熊猫，朱鹮也成为友好使者，代表中国出使日、韩两个邻国，也为这两个国家的朱鹮种群恢复注入新鲜血液。1998 年、2000 年和 2007 年，中国先后向日本赠送 5 只朱鹮，如今在日本的朱鹮种群已达到 320 只以上。2008 年 11 月，中国向韩国赠送一对朱鹮"龙亭""洋州"。韩国总统朴槿惠 2014 年 6 月 29 日来陕西访问前，中韩两国达成协议，中国将再向韩国赠送两只雄朱鹮，以促进该国朱鹮种群的发展，韩国政府还决定今后 5 年每年提供 10 万美元资金用来保护朱鹮原栖息地和帮助野生繁殖。

　　朱鹮从洋县姚家沟飞越秦岭，飞向世界，它的复兴之路不易，但现状让人欣喜。

朱鹮，别名朱鹭，洋县当地人称之为"红鹤"，国家一级保护动物。全长79厘米左右，体重约1.8千克。雌雄羽色相近，体羽白色，羽基微染粉红色。后枕部有长的柳叶形羽冠；额至面颊部皮肤裸露，呈鲜红色。初级飞羽基部粉红色较浓。嘴细长而末端下弯，长约18厘米，黑褐色具红端。腿长约9厘米，朱红色。

栖息于海拔1200～1400米的疏林地带。在附近的溪流、沼泽及稻田内涉水，漫步觅食小鱼、蟹、蛙、螺等水生动物，兼食昆虫。在高大的树木上休息及夜宿。留鸟，秋、冬季成小群向低山及平原作小范围游荡。

爱在春天里

自然界中，鸟是所有脊椎动物中外形最靓，声音最甜美，最受欢迎的一种动物。从冰天雪地的两极，到世界最高峰；从浩瀚的海洋，到茂密的森林；从荒芜的沙漠，到钢筋水泥铸成的城市，都有它们的踪迹。依据《中国鸟类分类与分布名录》的记载，我国有1332种鸟类，在不同地域繁衍生息。

求偶，是鸟类繁殖的一个重要环节。求偶的方式，不但多样、有趣，而且还有生物学方面的意义。春季到夏季，性激素促使鸟儿筑巢，羽色和鸣叫也发生改变，它们通常在此期间是一年中最漂亮的！

雄性红腹锦鸡时常一起追求一只雌性

和大多数动物一样，鸟类的求偶行为由季节和性激素决定，绝大多数鸟类在每年3月前后进入"求爱期"。不同种类的鸟，性成熟的时间长短也不相同。其中，性成熟时间最短的在出生后6个月就可以繁殖，例如家鸡：时间最长的则需要8~9年，例如信天翁。

它们的求爱方式

小小鸟们示爱求偶有五大方式：

炫耀型

通过鸣叫、华丽羽毛的展示求偶，这也是鸟类中最常见的求偶行为类型。

如生活在秦岭的国家二级保护动物——红腹角雉，它们每年3月进入繁殖期。这段时间每天的清晨和傍晚，寂静的森林中传出雄鸟"哇……哇……"的占领地盘的叫声，此起彼伏，十分响亮，很像婴儿的啼哭声。雄鸟的叫声，有的婉转悠扬，有的高亢豪放。

雄鸟的肉质角平时藏而不露，头顶只能看到长长的羽冠，肉裙收缩在项下。每当求偶炫耀时，两只角就膨胀起来，高高耸立，肉裙也充血膨胀，突然展开，

红腹角雉

飘洒在胸前，几乎可以垂到地面，好像系了一条漂亮的彩裙，一会儿缩回，一会儿展开，更像是一朵不断开合的鲜花，令人眼花缭乱。同时微微张开双翅，尾羽如同扇子一样展开，交替踏着舞步缓缓移动，以博取"女士"欢心。

雄鸟在求偶时，还会展示其金黄的颈羽，不停绕着雌鸟转圈，走出半圆形或弧形的"舞步"，抢在雌鸟前重复着前面的动作，反复向女士"献殷勤"。

齐飞型

通过"戏飞""婚飞"等飞舞方式来求偶。如陕西的冬候鸟灰鹤、东方白鹳和留鸟白鹭。求偶时，它们总是微展双翅，翩翩起舞。通过洪亮的叫声、优美的舞姿传递爱。而猛禽和雨燕等有较强飞行能力的鸟类，雌雄鸟求偶时在天空上下翻飞，互相追逐，彼此通过飞翔了解对方，这就是鸟类中的"戏飞""婚飞"现

白鹭在空中求偶

象。西安城中常见的珠颈斑鸠在树枝上求偶时就是"婚飞"，雄鸟从雌鸟身旁一直朝上直飞，然后在空中旋转后又垂直降落到雌鸟的身旁，鸟儿们通过这种方式增进了解。

触感型

雌雄鸟通过身体某个部位相互接触的方式来求偶。

如水禽类，它们通常通过像是"亲吻"的击喙、头颈交缠、抚弄羽毛、身体相依等方式来求偶，最著名的如天鹅，求偶委婉而温存。还有很多小型鸟类，求偶时两性相互抚触对方，以示亲昵和爱抚，刺激性反应。

反嘴鹬在水中求偶

白领凤鹛求偶时很含蓄

雄织布鸟正在建造"爱巢"

两只雄山雀展开生死斗

建设型

通过建造"爱巢"或装饰求偶场所的方式来求偶。

如仅分布在西半球的蜂鸟，其雄鸟羽毛不甚艳丽，它们却能将求偶的场所装饰得"富丽堂皇"，用来引诱雌鸟。澳大利亚的园丁鸟、非洲织布鸟能建造精美的"爱巢"，并将鲜花、蘑菇、有颜色的果实、彩色小石头等"装饰品"摆放其中，美化自己的"爱巢"，来招引爱人。

决斗型

还有许多雄性鸟类，采取最直接、最有效的求偶方式——决斗，来赢得"女士"芳心。常见的麻雀，以及燕雀、雉鸡类，"男士们"时常因争偶打成一团，现场异常激烈。还有秦岭山里的白冠长尾雉、黄龙山区的褐马鸡，雄鸟之间常常为争夺配偶而进行"惨烈"的殊死搏斗。争斗同时，雄鸡还会通过特别粗重而洪亮的叫声示威，远在两千米外亦隐约可闻。

从生物学意义的角度讲，鸟类的求偶活动是一种高耗能的活动，是雄性吸引雌性或雌性吸引雄性的一种定向行为；求偶活动保证了参与繁殖的鸟类一般都具有良好的遗传基因，体质差的雄鸟常因显示质量不高，得不到雌鸟的青睐，没有配偶而不能参与繁殖；另外求偶行为在鸟类中存在着种的特异性，不同种的鸟类，其求偶行为也不同。这对栖居于同一地区的近缘种，起着生物学的隔离机制作用，避免种间杂交，即保证生殖隔离。还有求偶行为对于两性的辨认（特别是雌雄同型的鸟类）也同样十分重要。

朱鹮求偶往往通过触碰及鸣叫来完成

偷窥鸳鸯戏水

　　像凤凰一样，鸳鸯也是雌雄合称，鸳指雄鸟，鸯指雌鸟。在中国古代文学作品和神话传说，或是年画、刺绣中，鸳鸯常用来比喻恩爱夫妻。但在野外，它们却并不多见，属于全球性近危物种，被列为国家二级保护动物。在距作家路遥当年创作《平凡的世界》的所在地——铜川市耀州区陈家山煤矿约两公里的沮河里，栖息着从东北地区飞来越冬的一群鸳鸯，数量超过了一百只，这也是陕西省有史以来发现最大的鸳鸯野生种群数量记录。下面，带你一起来近距离观察它们如何戏水，对它们多一些了解。

　　鸳鸯属于小型鸭类，杂食性，主要在我国东北地区繁殖，冬季南迁。在陕西省的陕北、关中、陕南，每年冬季都有记录。雄鸟有醒目的白色眉纹，金色颈，背部长羽，拢翼后可直立的独特棕黄色帆状饰羽。从外表来看，雌鸟就有些逊色，亮灰色体羽及雅致的白色眼圈，还有眼后线是其特征。其实在中国古代，最早是把鸳鸯比作兄弟。而把它比作夫妻，最早是出自唐代诗人卢照邻的诗《长安古意》中"愿作鸳鸯不羡仙"，这一句赞美了美好的爱情。

　　沮河，作为当地人的水源地，此时河道都已封冻，但这群鸳鸯所停留的这一小段河流，因一旁有一股活水注入而未封冻，四周已枯黄的芦苇为它们提供了很好的隐蔽场所。鸳鸯很喜欢栖息在有树、有溪流的环境中，除了它们要站在树枝上睡觉，躲避天敌外，它们生儿育女的鸟巢也会建在树洞中。在岸边距离水面一米多高的几棵槐树树枝上，正卧着十几只鸳鸯，其他的都在水面慢悠悠地游荡。由于是午后时间，鸳鸯们也显得很慵懒，不是梳理羽毛，就是在水中搜寻水草吃。但总有几只体型较大的成年雄鸟警惕地注视

着四周，稍有异常就会发出响亮的警示声，其他成员便会个个伸长脖子观望，一旦有一只鸳鸯飞起，其他的都会在瞬间响应，从水面到空中，也就需要一两秒钟。

通过一片苗圃的遮挡，悄悄迂回到距离鸟群约100米的地方，将镜头从芦苇丛中伸出去，趴在地上继续"偷窥"。随着一只雄鸟扇起翅膀，发出"哈克，哈克"的叫声，鸟群开始骚动起来，有的也发声做出回应。接着，鸟群纷纷拍打翅膀，也许是距离每年二三月的发情期还有一段时间，雄鸟会追逐雌鸟，但追逐的速度并不快，表达得也很含蓄，雄鸟没有将头部的帆状饰羽竖起炫耀。追逐进行高潮时，雌雄两只鸳鸯会将整个身子几乎没入到水中，雄鸟用翅膀高频率地拍打水面，水珠四处飞溅。双方偶尔飞出水面，落到不远处的另一块水域，继续一前一后追逐，慢慢游弋。在一对鸳鸯戏水时，旁边总会有很多围观者，像在看热闹，

又像是"爱情"的见证者。

鸟类专家说，鸳鸯平时总是一雌一雄出现，所以给人"忠贞"的感觉。但事实是，一群鸳鸯中雄性总是少数，雌性的数量多些。每年春季飞回北方繁殖时，一只雄鸟配多只雌鸟很常见，幼鸟的孵化和哺育全由雌鸟完成。鸳鸯的求偶不光在水里进行，雄性也会在陆地上冲着雌鸟跳"踢踏舞"，扇动双翅，脚尖着地不停地跳动。

铜川一直有鸳鸯的野生分布记录，但像这一次发现一百多只还是第一次，甚至全省也是首次记录到这么大的种群。因为人为干扰很少，如果气温不再降低，它们很可能也不会继续南飞，就留在这里过冬了。

秦岭最美来客

陕西洋县有着浓密茂盛的树林，这里宁静优雅，很少大风大雨，林鸟眷恋浓荫稠绿。这里在观鸟界享有"魔术林"的美誉，稀有罕见的鸟种在这里被发现，被拍摄到的概率远胜他地，比如朱鹮、红腹锦鸡、歌鸲、相思鸟、蓝鹇、画眉、东方角鸮。而它们都是定居者。在秦岭的客人当中，寿带鸟飘逸的尾羽，外向而高调的性格，一直是观鸟者追逐最多的对象。

作为陕西的夏候鸟，寿带鸟每年4月份从南方来到秦岭。今年5月底回老家休假，一大早我就出门到邻村的树林转悠。快到中午，太阳越来越烈，正准备回家，突然一个熟悉清脆的声音，让我停住脚步。环顾四周，发现这正是我盼望已久的鸟中明星——寿带鸟！

　　运气真不错，雄鸟拖曳着绥带形的长尾，在林间往返筑巢。这些拖着长尾巴的漂亮雄性寿带鸟，像蝴蝶一样在林间飞舞，鸣声清脆响亮，特别是在清晨，尤其悦耳动听。

寿带鸟也叫绶带，俗称紫带子、练鹊、一枝花等。陕南当地把雄鸟叫白带子。雄鸟有两种色型——赤褐色与白色型，一对中央尾羽在尾后特别长，能长到20厘米到25厘米。至于雌性，冠羽和尾羽都比雄性短，头颈冠羽为黑色具蓝色光辉，其余羽色都是褐色。我远远地观察，从筑巢开始，看它怎样与妻子协作，一直到宝宝出生，又看着它们慢慢孵化、一起成长。

每年的5月间，是寿带鸟的繁殖初期，雄鸟站在树枝上，清晨就唱出求偶的歌儿。然后，一对爱人就会找个隐蔽安全的地方，用细草叶、草茎、青苔、棕丝等造个温暖的家。外面缠上蜘蛛丝，然后再粘少许地衣、苔藓，完工的窝小巧精致，简直就是个艺术品，这个家既坚固又轻巧，关键在于使用了大量蜘蛛丝。筑一个巢需要耗费很多的时间和精力，但从成鸟开始孵蛋到小鸟离巢，只有短短的20多天，而小鸟一旦展翅飞走，就不会再回来了，这个家也就废弃。

一般情况下，雌鸟一次会产下 4 枚富有光泽的蛋，然后夫妻双方轮流孵化。它们的警惕性非常高，筑巢和产卵期间稍有干扰，就会弃巢而去，然后再觅一处重新筑巢。寿带鸟警惕性高，领域观念也极强，若有其他鸟擅入其中，它们立即会行动，将对方驱走。

每天清晨，天刚蒙蒙亮，它们便外出给孩子找来很多昆虫，要是食物长着翅

膀，它们要先将翅膀去掉，再往树枝上用力摔打几下，使它躯体变软，再喂给孩子，每天这样重复100多次，遇到骤雨疾风天气，两个家长中必须有一个留下来为孩子挡风遮雨。烈日当空时，它们又会轮流展开翅膀为小鸟遮阴。只不过鸟爸爸很粗心，尽管也张开翅膀，却无法给孩子带来一点阴凉。雏鸟一天天长大，家慢慢变得拥挤不堪。与其他鸟类不同，小家伙长到10天的时候，就站到窝沿伸展腰肢，不断扇动翅膀离巢，站在一旁的枝条上，继续接受父母的喂养。20天后，胆子慢慢大起来，最后腾空而起，虽然飞得歪歪斜斜，一次也只能飞几米远，但这种表现已经很不错了。它们会拥有一片自己的天空，成为森林里无忧无虑的小精灵。

到了9月，天气转凉，秋风吹落枝叶，也是寿带鸟离开的时候。它们携家带口飞往东南亚越冬，待来年春天再回到这里生儿育女。

天鹅的故事

天鹅，是爱好和平的"水禽君王"，它只是要求它的国度宁静和自由；它是水禽中的头号航行家。所有善战的禽鸟都尊敬它，它与整个大自然和平共处。在弥留之际，天鹅依旧在鸣唱，在乐声中死亡。

东西方文化中圣洁的象征

初冬时节，陕西东部三河湿地的滩涂、沼泽以及相隔不远的铜川玉皇阁水库等地，来自西伯利亚的贵客——天鹅翩翩而至，它们已经飞翔了万余里，有些疲倦，需要歇脚觅食，这些地方正好为它们提供了休养生息的场地。

天鹅，在东西方文化中都是高贵圣洁的象征。中国古人称天鹅为"鹄"，"天鹅"一词最早出现于唐代，李商隐曾说："交扇拂天鹅"，"天鹅"从此在汉语词汇中固定下来。今天科学界划定的欧亚候鸟（包括天鹅）迁徙路线也与之相关，佐证了从古至今候鸟迁徙的通道依旧畅通。

日本也是天鹅的越冬地之一，天鹅被当地人认为是"天的使者""神鸟"。日语中有关天鹅的古名约有20多个，有的是由中国传入，有的是天鹅栖息地的

名字，有的是天鹅鸣叫的拟声词，有的是对天鹅形态的描述。

18世纪，法国博物学家布封在《动物素描》中这样解读天鹅："在任何社会，无论是动物社会还是人类社会，都是暴力造就霸主、仁德造就君王。天鹅不滥用权威和勇力，它能在战斗中获胜，但从不主动袭击，它是水禽中爱好和平的君王，它与整个大自然和平共处。在种类繁多的水禽中，它们全都服从它的统治，它只求它的国度宁静和自由……天鹅在弥留之际还在鸣唱，在乐声中死亡。"

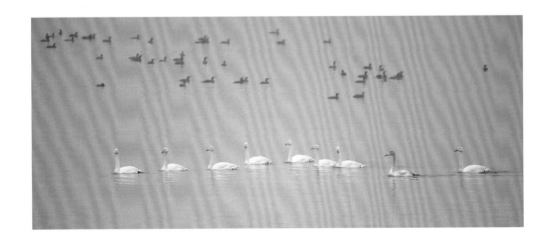

西方的音乐、文学及美术作品中也不乏天鹅的形象，比如柴可夫斯基的舞剧《天鹅湖》。

水禽中的头号航行家

布封说："天鹅是水禽中的头号航行家，是大自然给我们提供的航行术的最美丽典范。"

天鹅是国际保护鸟类，也是中国的国家二级保护动物，体长 120～160 厘米，寿命可达 8 年。天鹅体肥而丰满，脖子几乎超过了身体的长度，游泳时脚上的蹼全部张开，如同船桨，两脚交替划水，游速很快。它还常用尾脂腺分泌的油脂涂抹羽毛，用来防水。其喙部有丰富的触觉感应器，比人手的触觉还要灵敏，天鹅依靠这些触觉感应器在水中觅食。它们不挑食，能吃水生植物的根、茎、叶和种子，也吃软体动物、水生昆虫及鱼类。它们也爱清洁，即使在孵育期间也会把自己洗得干干净净。天鹅有超强的飞翔能力，是世界上飞得最高的鸟类之一，它们常翱翔在海拔 9000 米的高空之上，飞越世界屋脊珠穆朗玛峰也很轻松。

科学家经过研究，划出了天鹅的"全球势力范围"：繁殖区域涵盖北美洲西北部、欧亚大陆北部，从冰岛、斯堪的纳维亚半岛经芬兰、俄罗斯北部，一直到库页岛、中国西北和东北地区。越冬地涵盖欧洲西北部、地中海、黑海和里海沿岸地区以及印度北部、东北亚，乃至非洲大陆的西北角、中国的华中和东南沿海一带。

陕西地处候鸟迁徙带上，每年的秋末初冬，天鹅在无定河、黄河、渭河水域歇歇脚。如果没人干扰，它们会待一个月左右，直到水面冰封才会继续向东南方向飞。

在次年回迁时，天鹅似乎归心似箭，它们借助东南季风的力量，几乎不在陕西境内停留，一夜之间就飞到了内蒙古的阿拉善，在那里稍作停留便飞向繁殖地。

忠于爱情，呵护家庭

在鸟类中，天鹅对爱情忠贞不贰，非常罕见地保持着"终身伴侣制"，无论何时何地，它们都是成双成对、形影不离，如果一只死亡，另一只会终生为之"守节"，直到生命结束。中国古人用"雌雄一旦分，哀声留海曲"来形容天鹅的情深义重。

天鹅成长得很慢，4岁时它们才能成年。在温暖的水域越冬时，一个个家族群聚集在一起，组成了规模庞大的种群，没有配偶的雄性成年天鹅突破家族群寻觅另一半。雄性会给中意的对象跳优美舞蹈，伸直长颈献上高昂而悠扬的情歌，它用舞姿、歌声甚至打斗俘获芳心。求偶成功后，这对情侣会跟着家族群一起迁徙，回到祖辈的繁殖地，但它们会占领一块属于自己的巢域用来繁殖后代。

它们的巢是水鸟中最大的，外径可达2米，高约80厘米，淤泥和杂草将巢穴糊成碗状。产卵后，夫妻轮流进行孵化和警戒，有危险情况时，天鹅会用强健的翅膀、灵活的长颈、坚硬的喙击退敌人，弓起的翅骨猛力一击，甚至可以击断人腿。但是，最大的危险还是来自人类。

在天鹅集群繁殖的巢域中，巢与巢之间的距离都在100米以上，当巢域较小时，它们也会侵占雁类或其他水鸟的巢。有趣的是，占巢之后，它们并不把别人的蛋扔掉，而是同自己产的蛋一同孵化，甘心当起"养父母"。

　　大约 30 天后，宝宝破壳而出，身披一身灰褐色的绒毛。雏鹅的羽毛在母亲腹部蹭上了防水的油脂，可以立即下水游泳、觅食。这个"丑小鸭"的成长速度

很惊人，不到两个月时间就能长得和父母一般大。

　　雏鹅的成长史，就是一部旅行史，它在飞行过程中学会保护自己，躲避天敌，学会了辨识沼泽、草原、高山、荒漠、戈壁、河流等等，也学会了辨识浩瀚夜空中的繁星。

　　直到组建新的家庭或者生命的终结，雏鹅才会和父母分离。

200 只苍鹭同守一个家

秦岭深处三棵紧挨的松树上面，有 60 多个巢穴，里面生活着 200 来只苍鹭，一个貌似祥和的大家庭实则暗藏"凶机"。

60 个小家组成一大家

莽莽秦岭深处的陕西省洛南县石坡镇一处小山村里，因为有数百只苍鹭聚集栖息而出了名，驱车 3 个多小时，一路上峰回路转、两边青山苍翠。

来到周湾村，顺着村子后面的小路，走到一片坟地的下面，就在坟地的边上有三棵高大的松树，远远就看到树冠上错落有致地布满了鸟巢，粗略数一下有 60 个左右。

走近松树，树干直径近 1 米，树冠直径有 30 米，高约 20 多米，每个鸟窝里

栖息着2~4只苍鹭，算下来一共有200只左右。这三棵紧挨在一起的松树，树枝交叉错落，是这些苍鹭共同的家园。76岁的张庭西和老伴正在松树下的中药材地里锄草，旁边的一棵小树上挂着他脱下的外衣，头顶上不时有苍鹭盘旋而过，"呱……呱……"的叫声引得老夫妇抬头张望。

"这鸟不吃庄稼，是益鸟！"张大爷一边锄地一边说。"苍鹭属于候鸟，每年大概在3月底4月初来到这里，在树上筑巢做窝，秋天，10月底，就飞走了。"当我问道："这些鸟在这儿生活了多少年了？"张大爷说："我小时候就听老人说这些鸟就生活在这里了。"这么多年来，周湾村的村民和苍鹭和谐共处。

清晨的"战斗"

清晨5时，几声清脆的鸡鸣打破秦岭寂静的黎明。没多久，几只早起的苍鹭开始在枝头盘旋着飞舞，调皮地来回跃过此枝头抵达彼枝头。但"家庭"领地绝不容侵犯，如果一不小心闯入了别人的领地，轻则招来一顿"谩骂"，如还不离去，就立即有雄鸟以武力解决麻烦。雄鸟毛发倒竖，猛然间伸长脖子，猛啄对方，这一下犹如斗鸡一般快且狠，不过战斗一般很快就会结束，三两下就可分出高低。

如果双方实力相当，在枝头分不出高低，它们便会将战火燃至空中。爪子和嘴是武器，上啄下抓，战斗短促但很激烈。空中决斗是综合实力的体现，飞翔的技巧、体能、反应的灵敏程度等，都是能否胜算的关键。空中决斗几秒钟就可分出高下。

这三棵松树上，60个巢穴，一个貌似祥和的大家庭；200来只苍鹭，翩翩飞舞，一群貌似仙鹤的吉祥之鸟；实则，暗藏着争吵和角斗。

强者才能占据枝头

松树最高的枝头永远是强者的天下，一般地位的鸟儿很难站立那个枝头。

苍鹭可以长时间的站立不动，颈曲缩于两肩之间，并常以一脚站立，另一脚

缩于腹下，站立可达数小时之久而不动，有人给起了个外号叫"老等"。它偶尔或静卧，或闲庭信步环视四周，姿态优雅。

不时有归来的雄鸟欲"抢占"枝头，等它扑打着翅膀，伴随着叫声刚一进入高枝的领地，便会立即招来苍鹭大声的"呵斥"，知趣者快快而去，也有胆子大点的，欲一争高低，那自然而然发生的就是"争吵"和"打斗"。

这一幕让我想起了一个词"攀高枝"，看来鸟儿要站上高枝，不是攀，而是需要争斗来确立、固定自己的地位。

喜鹊会偷食
苍鹭蛋

　　春季，苍鹭迁来繁殖地的时间
多在3月末到4月初，一直到10月中旬迁
离繁殖地，也有少数迟至11月初，迁徙时常呈小群，
亦有单个和成对迁徙的。

　　营巢由雌雄亲鸟共同进行，巢穴选在树杈，雄鸟负责运输巢材，雌鸟负责营
巢，大约2个星期就可建好。勤快的苍鹭反复穿梭于巢穴和另一座山后的草丛间，
用嘴衔着树枝或者枯草，加盖巢穴，偶尔也会把树枝交给伴侣，由伴侣细心编织
巢穴。

　　营巢结束后立即开始产卵，通常每隔1天产一枚卵，每窝产卵3～6枚，产
卵时间从5月初开始一直持续到6月末。刚产出的
卵呈蓝绿色，以后逐渐变为天蓝色或苍白色，
与鹅蛋大小差不多。

　　通常孵卵由雌雄亲鸟共同承担，孵化
期有二十多天。雏鸟刚孵出后，除头、
颈和背部有少许绒羽外，其他裸露无羽，
身体软弱不能站立，由父母共同喂养，经
过40多天才能飞翔、离巢和学习觅食。

　　在苍鹭巢穴附近，有不少喜鹊窝。作为邻居，
喜鹊心怀鬼胎，它们盯着苍鹭产的蛋，准备偷吃。喜
鹊先潜伏在松树上，假装没事般地跳来跳去，偶尔朝苍鹭的巢穴瞄一眼，一旦发
现有空巢便迅速靠近，用嘴啄破蛋壳，偷吃苍鹭蛋。

　　夕阳西下，倦鹭归林，200来只苍鹭成群栖息于高大的松树之上。随着夜幕降临，树冠上没了白天的喧闹，恢复了夜的宁静，宁静中偶然传来草丛中的虫叫声。

　　宁静的夜晚，孕育着第二天的黎明，黎明的到来，苍鹭又开始了一天的生活。